やさしすぎるあなたが少しずつ自分を出す練習

不那么温柔也没关系

［日］井上裕之——著

代芳芳————译

北京时代华文书局

写在前面

为了照顾对方的情绪,为了大家在一起时的氛围,即使要忽视自己的真实感受,你依然会选择忍耐,将自己想说的话、想做的事放到最后考虑。这样的你,实在是太温柔了。

非常感谢你常常为大家着想。

但是,你自己的心情就不重要吗?你的心态是不是常常濒临崩溃呢?

谁都想成为一个“好人”,谁都不想被人讨厌,谁都想被人爱。

我当然也一样。

但是,实际上“好人”是一个非常暧昧的表达,不同的人对“好人”的定义和评判肯定是不一样的。

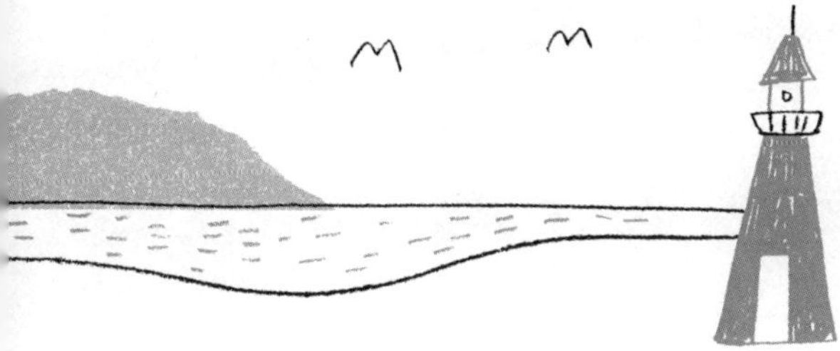

周围有太多人太过随意地向你灌输做一个“好人”的观念，不负责任地用定义不明的“好人”概念困扰比一般人更温柔的你。

太过温柔的你首先应该成为自己心中的而非别人眼中的“好人”。

从今以后，请你不要再委屈你那颗过于温柔的心，无论如何都不要再勉强自己去忍耐，不要再让自己那颗过于温柔的心痛苦、悲伤、受伤。

用你的本真之心来感知“好开心”“好高兴”“心脏扑通扑通跳”的事情，轻松自在地度过属于你的快乐而幸福的生活。

这才是最正确且最好的事情。

世上只有一个你，没人可以替代你。

摆脱他人对你的评价与定义，你才能具有真正的不可替代的价值,才能成为你心目中的难得的“好人”。

刚开始这么做时，你可能没有自信，你可能会不安地想：“我这样的人，应该不会成为那种人吧。”

请放宽心。

只要记住一点点技巧——并不吃力的技巧，每天踏踏实实照着做，即便不特意关照，你内心沉睡的难得的自我也会自然而然地开始茁壮成长。

最终,你一定比现在更能想象到做回自己的美好，

怀抱着“总有一天我会变成这样，什么时候能变成这样就好了”的期冀，你会更加幸福并从心底开出美丽的花。

这些技巧、这本书都是我的一家之言，但长久以来治愈他人的经验告诉我这些都是有用的。我相信，比一般人更加温柔的你，因过于体贴而容易受伤的你，一定能从这本书中获得治愈自己内心的能量。

希望本书能在你找回珍贵的自然笑容的过程中，为你的人生带来越来越多的幸福和喜悦。

如果这一愿望得以实现，将是我最幸福、最高兴的事。

目 C O N T E N T S 录

表露真实的情绪

每个人都想活出真正的自己。但是，做了真正的自己，又会担心自己可能会伤害对方，可能会被大家厌烦，于是便将真正的自己埋藏在心中，无法表露出自己真正的感情。越是心思细腻的人，越会带着这种烦恼而痛苦不堪。

然而，这也没关系。只要老实地表露出自己的情绪即可。

按照我自身的经验，即使多少有些痛苦，但果断而平缓地说出自己的情绪，反而不会被厌烦，而会得到对方的理解。

虽说如此，但还是不习惯表露情绪，也不知道应该怎么表达……我非常理解你的这种担心。但是，不断积攒的情绪不知何时就会爆发。而且，就像干净的水不断积攒下来也会淤塞而变得浑浊一样，情绪积攒过量而爆发时说出的冲动话语中蕴含着直率的真话所不能比的破坏力……所以，还是将那时的感情在当时缓缓表达出来更好。

常常体谅大家的心情而难以表达自己情绪的人能了解这样的“语言法则”岂不是很好? 让别人喜欢的话，实际上重要的不是其形式而是其能量。即使是有些粗鲁却以对自己和对方的尊敬、爱情、好意或体谅为基础的语言，也不会让对方感到不快。这是第一条法则。

另外，人的情绪是指喜怒哀乐所有的情绪，这些都是神灵赐予的，基本上不会是恶劣的存在。虽说不能经常发怒，但实际上怒、悲、喜、乐，缺少其中任何一个都会失去人格魅力。这是第二条法则。

在了解了这两条语言法则的基础上，认定“怒也好，哭也好，都是现在的真实情绪，所以都很好”，完完全全地认可所有的情绪。这样一来，你的心自然也会充满肯定自己的美好能量。于是，你即使不特别考虑这些那些，语言中也会自然而然地蕴含了肯定自己和对方的美好能量。而且，到那时你一定和之前不同，应该会变成一个爽快的、不被厌烦的、具有众人喜爱的魅力、能表达出真实感情的人。

怒也好，哭也好，

都很好。

堂堂正正地寻求帮助

越是待人温柔、勤奋刻苦并认真的人越不会撒娇，很容易被周围的人贴上“你是一个什么都可以自己解决的人”的标签，这样反而会更加痛苦……这真的是令人悲伤的事情。

如果无论如何都感到痛苦伤心，觉得大家都想改变自己，不妨试着这样想一想吧。

不善于撒娇、不对他人抱有希望、不信赖他人的人一般在孩童时期向别人求助时就会感到极为羞耻，

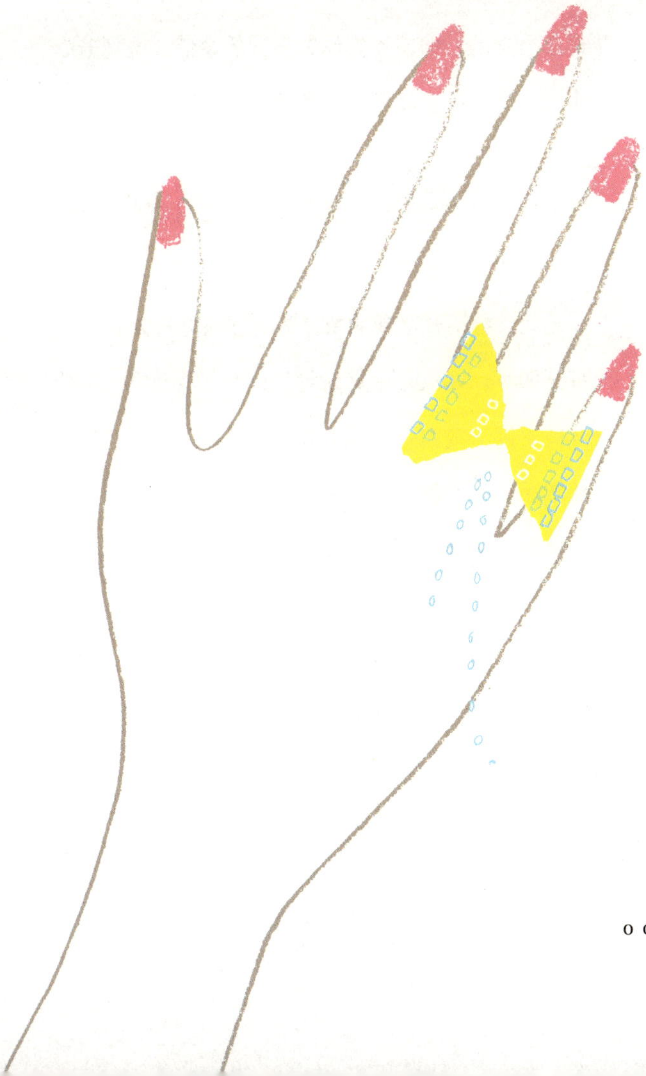

感觉是给他人添了麻烦，于是便勉强自己努力忍耐。

然而，正因为是人，才会有做不到的事情，这也是理所当然的。即使真有你做不到的事情、感到羞耻的事情，也绝不会降低你的身价。

所以，对于做不到的事，无论多么小都没关系，希望大家能果断地对周围人说出来。

比如，打不开坚硬的瓶盖时，就请力气大的人代为打开即可，并从心底真诚地说一句“谢谢”。只要这样就可以。或者拜托擅长做饭的朋友：“我非常不擅长做饭，请你教我一些我能做的简单食谱吧。”

真的，这样做即可。

像这样，你先自然地来个小撒娇、许个小愿望，从现在开始一点一点积累起来吧。在这个过程中，你心中不善于向人撒娇的意识应该会渐渐地消失。再这么做就不会有问题了。

你一定会成为之前的自己所不能比的人，率真地向人撒娇、别人对自己撒娇都能自由应对。这是因为随着对撒娇这件事的苦恼减弱，你心中“不用勉强自己硬撑着，也不用那么努力，正常而正直的自己会更快乐而深入地和人交往”这样的小自信会越积越多。

有困难的时候，大家可以互相关照。实际上，做不到的时候直接说做不到，才是为了彼此好，才是更好的人际关系的根本所在。所以，我觉得做不到的时候，更要常常率真地向周围人求助。

正因为求助的是温柔的你，

大家才一定会出手相助。

不要舍不得付出同情

只考虑对方，不断把自己的事情延后，等察觉到的时候，你感觉到的只有吃亏。这样的你，真的是同情心过重的人。而同情在人类的品德中是人气最高的、最美丽的。

所以，我认为具有大量同情心的你，真的是美丽、难得的人。

因此，我希望这样的你内心不会受到别人的伤害，能幸福得散发光辉。但是，世间有时会有人利用并践

踏你的同情心，这一定会伤害到你温柔的内心，令你痛苦不堪。

即便如此，我还是希望你无论如何也不要舍不得付出同情。

同情是胜于一切的珍贵能量。即使当时同情的对象没有回报你，但在未来的某一天，这一能量一定会成为你人生的光和幸福。但是被无情的事情捉弄而停止同情，难得的同情心也会淡化。我觉得这真是最可惜的事情了。

然而，虽说如此，你也不必靠委屈自己来同情大家。在不勉强自己的情况下付出能令你的心快乐、坦然的同情即可。

同情原本是不求回报的行为，这么做才能不勉强自己、快乐地同情对方，并且比现在更加自然、美丽而高尚。即使如此，有时也不能顺利地表达出珍贵的同情。但是，对于能细腻地感知到同情美德的人，你会是更难能可贵的人。你一定会获得比现在更高的评价，收获更多人的感谢，有更多人追求。

不要舍不得付出同情，要在心中无比珍视它，在不勉强的自然状态下，你变得可以若无其事地同情别人、“擅长同情”的时候，你一定不会再吃亏、受伤。

这是因为你内心的维度已经上升到怜悯麻木的人无法到达的、高度幸福的层次。即使在潜意识的世界中，同情和感恩也是令人生幸福的最高美德。

不要放弃你的同情。

绝对不要！

为了不过于忍耐

前几天，有位演员初次登台时被著名的编导和导演给出了“人格否定”式的评价，但他说对现在的自己来说这是宝贵的财富。对此，我深受感动。

当然，人和人的交往最理想的状态是温暖的、快乐的、舒畅的，彼此尊重对方的价值观，自由地茁壮成长，保持真实的自我。但我认为，遇到具有和自己不同识见和价值观的人、受人磨炼，是我们心和灵魂的成长与成熟所不可或缺的。

虽说如此，若自己的心因此被悲伤冻结，当然也

无需受人磨炼了。

在和人交往的过程中，感觉讨厌、糟糕、痛苦的时候，希望你能在心中将这一交往对自己的好处与坏处放到天平上认真地称量一次。然后，只选择你觉得超越了这一“讨厌的、糟糕的、痛苦的”坏处的好处，并重复这一行为。这样一来，比一般人更认真的勤奋者，被各种牵绊摆弄而悲痛得杂乱无章的内心才会自然而然地快乐起来。而且，即使是真的令人讨厌的交往，对你来说在某些方面也会有好处，也可以变成有益处的交往。这就是能让你温柔的内心变快乐的“好处法则”。

虽说如此，对于比一般人内心更加纯粹、温柔的你来说，在和人交往的过程中，考虑到对自己的好处之后再选择，你可能会感觉到目的有些不纯粹。然而，“好处法则”绝对不是什么大不了的存在，而是任何人都可以使用的。比如工作非常糟糕，但使用这一法则后，发现工作能让自己进一步成长或者经济上更加宽裕，这些都是好处。还有不太想去的聚餐，一般也会遇到没见过的人带来新鲜感，这就是好处。也就是说，“好处法则”中的“好处”并非指物质或精神方面的直接利益，而是利于你内心成长和成熟的地方。

正因为你一直认真、拼命努力，才更要挺起胸膛接受这神灵赐予的报酬，这是你应得的好处。

所以，今后不要再考虑太多，请熟练使用“好处法则”吧。而且，和你内心的成长、成熟无关的交往，不必勉强继续下去，最好能保持一定距离。请一定谨记！

“好处法则”能令你的内心快乐起来。

“理解”对方

听多了各种人的各种话，当察觉到倾听过度的时候，内心往往已经疲惫不堪……这样的你真的是内心温柔、同情心很强的人。

但是，总是在倾听的你，不知什么时候，那颗温柔的心就会受伤、崩溃。温柔的人受伤，强迫他人听自己唠叨的、麻木的人快乐。这真是太荒谬、太令人沮丧了。

所以，我希望内心温柔的你能记住：不要“接受”

对方的话，而要“理解”。

“接受”对方的话是指 100% 无条件、无防备地将对方的话纳入自己心中的状态。而“理解”是指虽然认可对方的话却不会将其过于深入地放到自己的内心。所以，只要“理解”，无论面对多么麻木的人，你温柔的心也不会受到伤害，从而守护自己。

虽说如此，迄今为止，你一直都在温柔地接受对方的话，对于这样的你来说，乍一看，你可能觉得“理解”非常难。

不过没关系。请放宽心。

这是因为无论你多么温柔，有一种“魔法语言”都可以帮你变得擅长“理解”对方的话。那就是“可不是嘛”“这也太那个了吧”等语言。只有这样的语言才不会伤害对方的心，才不会让对话变得不愉快，这真是能让你“理解”对方的魔法语言。

我想无论是谁都想得到别人的认可。想让某人认真地听一听自己的话。而内心温柔、“善于倾听”的你比任何人都明白，之前的你即使委屈自己的内心也要 100% 地接受、理解对方。

但是，从今往后没有必要再委屈你的心了。特别是对消极、感情用事的人，你只要说“可不是嘛”“这也太那个了吧”加以理解、顺其自然即可。这样一来，对方也会因为自己的心思得到认可而感到满足，你的心也不会疲惫不堪。

对于内心温柔的你来说，“理解”是“不过度倾听的技术”。

请使用“不过度倾听的技术”来守护你的内心。

保持愉快的距离

你不善于怀疑别人，无论对谁最终都会 100% 地敞开心扉。这样的你，我认为真的是像孩子一样单纯、内心温柔的绝佳人物。

正因为如此，我才想果断地对这样的你说："没必要以让自己吃亏的方式来接受对方。"

常常有人说："人独自一人是无法生存的。所以，我们应该重视和别人之间的交往。"然而，我认为和大家交往时没必要牺牲自己的生活。

伤害你的内心或者让你的工作和人生受到损害，还是不要忍耐了，最好能向对方表达出自己的意见。

可是如果清楚明了地向对方说出自己的意见，难道不会变成不好的结果吗？内心温柔的你可能会有这种担心。

即使如此也没关系。只要稍微掌握一些要点，你一定会变得善于表达自己的意见。这个要点是“一条意见，三句表扬”。

“我觉得这个错了，请这么做……”像这样指出对方的错误和不周全，提出自己的要求，对方可能会无法接受：“什么？就这么被否定了？”可能会受到伤害。但是，像“你做得很好，也很努力，经常都做得漂亮”等，怎么说都可以，但一定要在说三句表扬的语言之后，“但是有一件事想拜托你……”再像这样说出你的意见和要求，即使说得很直接，对方也会出人意料地完全理解。

受到表扬而感到开心，便向对方敞开心扉。这不仅适用于小孩子，对大人也一样。比一般人内心更加温柔的你，在发掘他人闪光点方面一定更加擅长。像这样有效发挥自己的长处，今后一定会成为一个善于表达自己意见的人。

表扬别人你绝对不会吃亏。越是直率地表扬别人，越会吸引来更多的幸福和美德。

所以，请一定放宽心。如果你能直率地表扬别人的优点，成为擅长表扬的人，大家也一定会认真听取你的意见。

“一条意见，三句表扬。”只要这么做就真的能自然而然地成为擅长表达自己意见的人。

表扬对方，

你的内心也会充满快乐。

从“希望对方理解”到“相互理解”

无论是谁，都希望有人能理解自己。实际上这种事情确实有些勉强，但对于非常喜欢的人，我们会不由自主地希望对方能 100% 地懂自己、接受自己，可是这种情况无法实现而给我们带来伤害。

我非常理解这样的烦恼和纠葛。然而，无论是怎样的亲人、朋友，无论是多么相爱的同伴，几乎都不可能互相 100% 地了解对方、理解对方。

但是，这也没关系。即使无法 100% 地理解，相比以前，对方一定能更加理解你真实的内心。

希望对方明白自己，对方不明白就会一个人偷偷地伤心，这样的你比一般人更好客套而无法顺利说出自己的想法。

虽说如此，我不觉得不善言谈的你能马上变成善于表达内心想法的人。一定很多人都会有这样的担心。

然而，即使这样也没关系。

不能顺利表达的时候，只要先认真地听对方说即可。和你正在想的一样，对方也希望你能理解他。所以，先用“哦，是吗”“这样啊”“明白了”来表达出理解对方，表达出同感，对方一定会感到满足，下次也自然会对你说的话表示同感。

当然，你没必要委屈自己的内心来对对方的话产生同感。在你不勉强就能做到的范围内，理解对方的话，用“明白了”来表达同感。仅仅如此真的就可以了。这是因为勉强自己的时候，无法产生良好的能量交换。彼此互不勉强、开心地对话时，才能在真正意义上产生能更加理解彼此、令人心情愉悦的、幸福的能量交流。

如果能做到这些，就已经不需要巧妙的语言之类了。无论多么拙劣的表达，你内心真正想说的话都会准确无误地传达到对方的心里。对对方的话产生同感，在此基础上说的哪怕仅仅一句话也比千万句巧妙的话更能令对方理解自己。这是心对心的交流。

无论怎样，从今往后，让你最希望理解你的人认真地了解你内心真正想说的话吧。

有时候也会有意外地相互理解的情况。

通过设置“间隔”来保护自己

对于感情用事而发生争吵的人，自己也感情用事地回复对方，结果，太过温柔的你就会难过、自责。我认为这一点非常荒唐、令人懊恼。

所以，在这种时候，我一定会建议大家适当地设置“间隔”。

比如，某一流酒店的经理收到客户荒唐的索赔时，一定会说“是这样啊”来设置一个呼吸间隔，之后的应对也会更加自然。对方会稍微冷静些，自己的心也不会被对方的负能量纠缠，在保持正能量的状态下冷

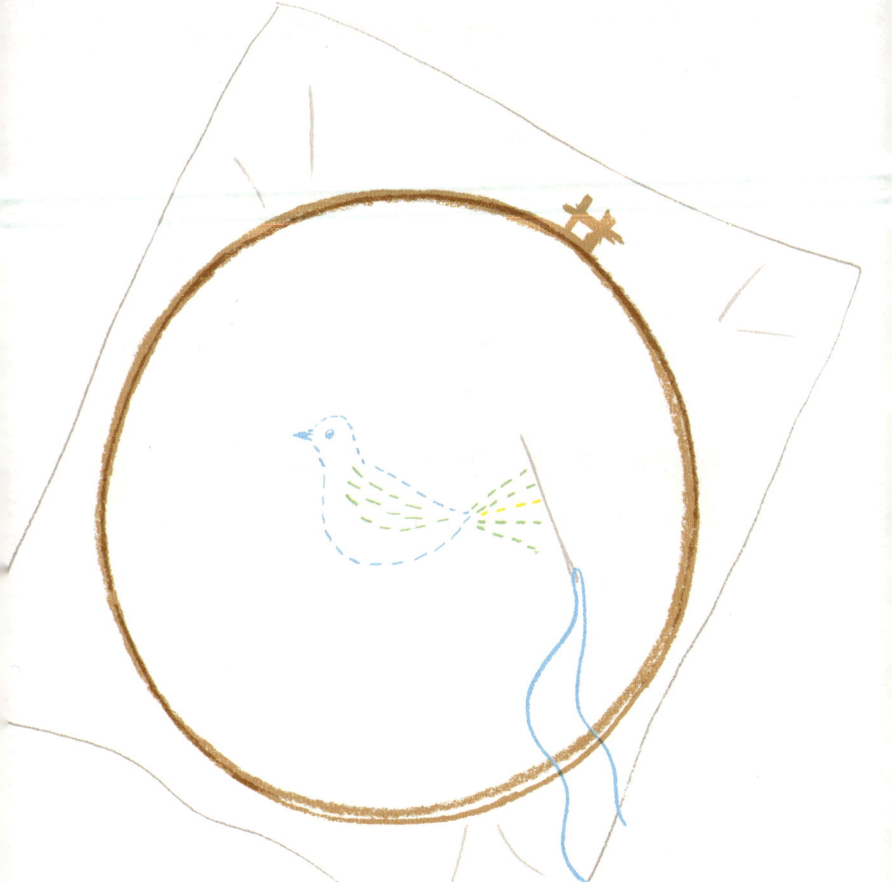

静地应对。

对此，我完全有同感。

无论是一般的对话还是邮件交流，对方突然扔过来一个感情上令人厌恶的球，如果你立刻扔回去一个相同的球，其中的问题将久久难以解决。你自己不留神地失了理性时也会如此。比如因人际关系的压力而爆发了愤怒的情绪。当然，爆发也没关系。但是，如果因为爆发而责备自己“又做了这种事情”而后悔不已，就和给你压力的事物保持一些距离，设置“间隔”。这样一来，你温柔的内心就不会因不必要的悲痛而受伤，一定能找到更妥当的处理方法。

物理距离和时间就是“间隔”，放置间隔才能将人际关系和事情的恶劣发展转向良好的方向。彼此关系紧密而又互相怨怼的时候，会只顾交换负能量。但是，这时如果设置物理的间隔，就能一次断绝负能量的流动。而且会产生更好的正能量交换，使事情进展变得彻底顺利。这就是人际关系中的“间隔”效果。即使是恋爱，也是这样吧?

所以，我即使是在做手术出现某些问题的时候，也一定会设置一个呼吸的间隔。这样一来，绝对不会出现连续的焦虑，一定能找到更好的处理方法。这是因为通过设置“间隔”，之前的恶性发展发生了改变，自己的视野也变得宽广了。这就是推动事物顺利发展的“间隔”的效果。

事情发展不顺的时候，“间隔”就会成为化解消极情绪的“特效药”。所以，我真心希望过于温柔的你能变成一个善于使用“间隔”的人，而且能越来越幸福。

“间隔”也是能守护你内心的盾牌。

想发牢骚或抱怨的时候

无论是内心多么温柔的人，面对进展不顺利的事情时一定也有想发牢骚或者抱怨的时候。这是在清除内心的垃圾，所以我认为这并非绝对不可以，有时也会需要这种宣泄。

但是，即使在这种情况下，也希望大家一定要记住这一点：语言具有强大的能量。你无意识地使用的恶劣语言、否定性语言会作为负能量原封不动地堆积在你的潜意识中，也会在现实世界中引来消极的结果。相反，你有意使用的优美语言、肯定自己和别人的语

言会原封不动地印刻在你的潜意识中，在你的人生中引来伴随着美丽的正能量的事物。

我并不认为仅仅用语言就能发生这样的变化。（当然，也会有人具有这种想法。）

然而这就是确实存在的“言灵机制”。我自身也渐渐地真实地感觉到了它的效果。另外，我迄今为止见到的优秀人士中很多都能熟练地使用语言的能量。

所以，如果心中的垃圾已经积攒到让你不堪重负、想发牢骚和抱怨的时候，可以找一个信任的朋友，确定好所用的时间，“现在开始请听我说 10 分钟”，一吐为快吧。而且，心情舒畅了，下次对方能听到的感谢以及你发自内心的诚挚语言、快乐语言、开心语言会比牢骚和抱怨多得多。所以，没关系，抱怨和发牢骚应该可以将你的内心打扫得干干净净。而且，如果你意识到这些，渐渐地也能真实地感受到语言的能量，你一定不会勉强自己去想“不能发牢骚”，而会自然而然地说出消极的语言，之后应该会短暂地感到心情变差。如果不这样，当然更好！你温柔的内心最终会越来越幸福、越来越自由地成长。

在朋友之间、在职场上，通过互相倾诉牢骚和不满，一般也会有产生共鸣、感到关系变好的时候。但是如果这一对话仅仅以不满和牢骚结束，消极能量的影响会增强，最后事态会更加恶化……所以，我认为还是确定好“清除内心垃圾”的时间之后，尽可能地交流好的、鼓励的语言会具有更好的效果。

即使同牢骚和抱怨无关，如果能使用开心、快乐、美好的语言，也一定能将好友吸引到你的身旁。所以，不愿意参加的闲聊中，不勉强自己发言也没关系。这样的情况下，如果能高明地为自己留出间隔、用“这样啊”全身而退，才是智慧之举。

发一句牢骚，思考三件好事。

请试着养成这样的习惯。

无论如何都无法原谅

虽然经常有人说原谅很重要，但越是深深地受到伤害且除此以外毫无办法的时候，真的越难原谅对方。然而，无论是多么艰难的事情，原谅都非常重要。这是因为，原谅是治愈你心理创伤的重要办法。

虽说如此，怎么做才会原谅那些不可原谅之事呢？我认为最好的方法就是找到你觉得不可原谅的事情的“好处”。

有一位女性遭受了男性的暴力，长时间都沉浸在深深的悲痛和心理创伤之中。这种时候，有的心理专家给出的建议是“找到从这件事中得到的好处”。在过于荒诞不经的事情中应该不会找到好处，但是据说这位女性暂时放下了不能原谅对方的想法，拼命地从中找出好处。

于是,“有了那件事,我开始明白别人的痛苦”“明白了周围人的情谊”“开始考虑人生的意义了”……像这样，发现很多自己没有想到的好处，就能从心底“原谅”这件事，也能渐渐地治愈内心的创伤。

当然，我认为这样的事情无法轻易做到。但是，她的经验终究还是非常珍贵的真理。所以，无论我认为多么不能原谅的事,我都会考虑从中得到的“好处”并表示感恩。这样一来,感恩的情感蔓延,“不可原谅”的心情会在不知不觉间突然消失不见。

然而，即使这样依然还被“不可原谅”的情绪纠

缠时，请不要勉强自己忍耐，请尝试着清除内心的垃圾。最好找和自己价值观相投、可以放心说话的人将“不可原谅”的事情全部说出来。这样做，心情会不可思议地一下子快乐起来，如果是小事情“不可原谅”，这时就会消失不见。或者没有任何人可以倾诉的时候，将不可原谅的事情写在纸上，将纸揉成纸团扔到垃圾桶即可。

清除完内心的垃圾之后，取代“不可原谅”的是“开心”“高兴”“有趣”或者其他什么情绪，积极的感情会渐渐地表露出来。这样一来，肯定无需再判断原谅还是不原谅，这时应该能看到你的内心晴空万里、开心无比了。

在内心的垃圾清除完毕之前，
请不要勉强自己忍耐。

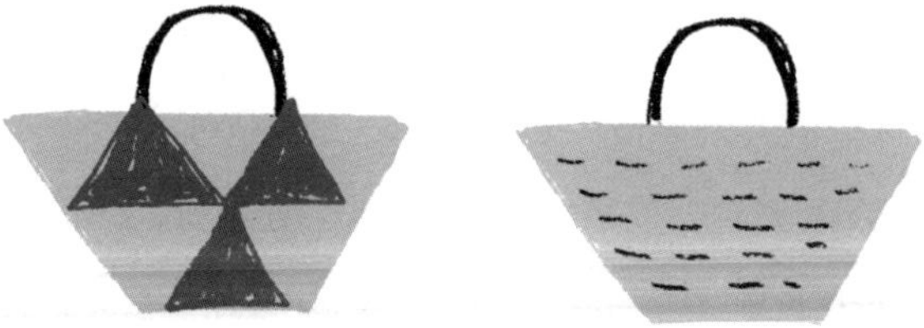

摘掉“心的眼镜”

和公司的人打招呼却没有收到任何回复，平时立刻就会回复的朋友好几天都没有回邮件……实际上可能是对方很忙或者没有注意，但还是无法阻止自己的恶意揣测：“可能我被嫌弃了吧。”“可能我得罪了周围的人吧。”……有这样的苦恼，却不能向别人诉说，独自一人悲伤苦恼的你一定是比一般人更细心地照顾周围人感受、内心温柔的人。

正因为如此，从此以后不要任由恶意揣测随意膨胀，希望你能过出属于自己的、生机勃勃的、明朗幸福的生活。我衷心希望如此。

但是，怎么做才能阻止这种恶意揣测呢？我认为最好的方法是清洗“心的眼镜”。

无法阻止恶意揣测的时候，你正处于内心陷入旋涡的状态。在你的心中，不安、担心、嫌弃自己等消极能量如火蛇席卷你的内心，所以你“心的眼镜”也被煤烟笼罩，无论看什么，看到的都是肮脏的坏东西。

在这样的你的内心倾注水一般丰盈的、快乐的、美丽的正能量会如何呢？消极能量之火自然会被浇灭。而且，把被煤烟笼罩的“心的眼镜”清洗干净之后，你的观感一定会完全不同，将会看到真正的世界……这就是清洗“心的眼镜”。

所以，无法阻止恶意揣测的时候，要找出这一揣

测的原因并加以阻止，无论如何，请尽最大努力让心朝着身心皆自然而然地快乐奋力前行。比如，心无旁骛地阅读喜欢的、有趣的故事也可以。比如，作为“清除内心垃圾”的一个方法，将恶意揣测写在纸上，揉成纸团，扔到垃圾桶也可以。这样做，你的内心和身体中会充满“啊，舒服了”“啊，好开心”“啊，充实了”等正能量，相应地，你的内心、你周围的世界也一定会变得更美好。这就是只要自己变好、周围环境也会变好的潜意识法则。

所以，无法阻止恶意揣测的时候，在某种意义上，这也是机会。比一般人更细腻、内心更温柔的你有机会更上一层楼，不断磨炼自己蝶变成更幸福、更加魅力四射的人。

难道你的内心不会疲惫不堪吗？

请好好地休息一下吧。

爱得太深、用尽全力的你

恋人也好，夫妻也好，都想给予爱的人尽可能多的爱，也想得到爱，这是自然的感情。但是，过度地想付出更多的爱、得到更多的爱而牺牲自我，任意地、100% 地接受对方的价值观，结果这一亲密关系渐渐地走向恶化。迄今为止，内心温柔的你难道不是有很多这样的痛苦经历吗?

为了爱的人倾注尽量多的爱，这当然是非常难得的事情。但是，这时如果感到一点点压力，就会意识到“过于迁就对方，你的感受被忽视掉了。这次，请重新审视一下两人的关系吧”，我认为这一意识正是神灵赐予的温柔标志。

虽说如此，越不想失去爱，越会忍受压力，越想做出不在意的样子。我明白，这样的你内心一定很痛苦。然而，如果装作没看到这种表现，即使你因为爱而获得幸福，你不可代替的人生也只能被荒废掉。所以，感觉到压力的时候，请再思考一次，希望你能在纸上写出对你来说有什么好处和坏处。

和这个人在一起能得到什么。

和这个人在一起会失去什么。

写出来这些，如果觉得得到的东西即好处更多，你的迷茫和压力应该会烟消云散。相反，如果觉得失去的东西即坏处更多，就应该想办法解除关系，走向下一段纯洁的、崭新的爱情。

但是，这里的“好处”不是根据一般的价值观来判断，而要根据你自己独特的价值观来判断。比如，虽然失去了金钱，但能获得比拥有金钱更强的幸福和安心感，这对你来说，就是有好处的关系。相反，虽然经济上得到的东西很多，但很多时候会失去自由，对你的人生来说，这就是会带来坏处的关系。

即使是夫妻、恋人这类关系，也没有公认的“最好的”。说到底，能决定是不是最好的应该是你的内心、你的价值观。而且，你自己选择的“最好的”关系无论形式如何，都是你的宝贝。即使是单方面付出爱，也会成为丰富你灵魂的珍贵人生经验，能升华为心灵的财富。

思考和爱相关的好处肯定是患得患失的，却并不令人可怕。这是在真正的意义上让你和对方获得幸福、培养互相理解的亲密关系的诚心诚意的方法。

爱能让你获得幸福。

结束疲惫至极的亲子关系

在人与人的交往中，亲子关系可能是最令人苦恼的关系。如果是别人，还可以切断联系，但亲子关系无论好坏，都是持续一生的关系。但是，我认为正因为是这样的关系，才不能 100% 地“接受”，而是“理解”即可。

因为父母和孩子之间的距离很近，只要在意对方，就希望对方能 100% 地接受自己的价值观，往往会觉得对方必须接受。做得过头就会变成过度保护、过

度干涉，甚至是对心的虐待。所以，如果你现在正在亲子关系中委屈自己的心、深深地伤害自己，无论如何都请你不要再认为是自己不好，请停止这种想法。

100%地理解父母或100%地理解孩子，都不切实际。即使自己做不到，也完全没必要觉得自己不孝顺父母、自己是一无是处的家长等。即使结成亲子关系，彼此也是独立的人，都拥有获得各自幸福生活的义务和权利。当然，真挚的亲子亲情中，为父母、为孩子做最大限度的自己能做的事情是珍贵无比的。但是，完全没有必要痛苦地牺牲自己的内心，100%地回应对方的任性、价值观和期待。

对于父母来说，最幸福的是自己的孩子能度过幸福的人生。孩子也一定这样期望。如果你不这么认为，而是完全强迫对方接受自己的价值观，真是太遗憾了，孩子的灵魂将难以成熟，精神将难以独立，很可能会完全依赖于温柔的你。所以，在亲子关系中，越是因为没办法而感到痛苦的时候，越是孩子自我觉醒的时候。“啊，我也好，他也好，终于迎来了自己人生的自立时刻。”趁此机会为彼此留出间隔、设定距离吧。

我认为这和护理的问题是相同的。没必要你一个人大包大揽。如果觉得勉强，交给专业人士去做即可。这绝不是不孝顺，也不是冷漠。所以，能拜托别人的时候就拜托别人，在保持能量充足的状态下，对护理的人倾注爱。这样做，彼此都会获得幸福。

不管别人说什么，无论在亲子关系中还是护理中，只有你的内心先获得幸福，才能得到最幸福的结果。

不要忘记，

亲子关系也是一个人和

一个人之间的关系。

为重要的人担心的夜晚

爱得深切、内心温柔的人，不仅会担心自己本身，还会担心自己的家人、恋人和朋友。即使是细微的事情，也会想“那个人，没事吧”，夜里也会担心得无法入睡。

我非常理解这种心情。

但是，对你来说，对你觉得重要的人来说，多余的担心越少越好。这是因为不安和担心终究是消极能量，如果过于膨胀，反而会带来消极的事情。

所以，不管是对自己，还是对家人和朋友有多余的不安和担心的时候，我会想着“但是，即使这样那也是那个人的命运”来代替担心。曾经在亲友遭遇重大交通事故时，我就是这么想的。

“虽说如此，将一切都归结为命运，难道不是过于消极的生活方式吗？”我想一定会有人有这种疑问。

当然，命运是可以改变的。

通过自己的努力，一定能将命运变好。这是不容置疑的“真理”。

但我认为无论如何努力，都不能背负自己之外的其他人的命运，更进一步说，不应该背负别人的命运。

就像你被赋予了只属于你的自由人生与命运一样，对你重要的人也同样被赋予了自由的人生与命运。也就是说，无论是你多么珍爱、多么重视的人，都不应该试图控制其自由的命运。

你能做的最好的事情就是断了多余的担心，“变成这样，那也是他的命运使然。”隔开一段时间，再以全新的心态认可他人生的可能性，相信他。

这样一来，这一认可、相信的积极能量一定会给予你和他两个人的人生以温柔的幸福能量。

如果油然而生多余的不安和担心，首先要放弃控制欲，相信下一个可能性。

我认为，这就是让内心温柔、容易担心的你一点点消除人生中多余的不安和担心的必备咒语、魔法。

设置一定距离，
就能看到你能做的事情。

为了不对重要的人发脾气

我们有时会因为太过忙碌而焦躁，有时事情会进展不顺利，有时身体情况不好。这种时候，我们无法控制自己的情绪，不知不觉间会对无关的人发脾气。特别是对比自己气场弱的人和小孩子发脾气的时候，会陷入“自己真是太差劲了”的自我嫌弃状态，难以重新站起来。带着这种烦恼的你，实际上是一个内心非常温柔、认真的人。

所以，请不要再责备自己了。无论是谁，都有无法控制自己情绪的时候。准确地说，情绪本身就是不可控制的，这也是理所当然的事情。

虽说如此,还是想成为不对重要的人发脾气的人。这样的话，也可以以“原因和结果法则”来重新看待发脾气。

既然发脾气了，一定有你内心欲求不满、不愉快的原因。所以，如果能去除这一原因，你的内心也会恢复到像原来一样明朗，结果自然也会变成不爱发脾气的人。

请不要焦虑。欲求不满和不愉快的原因中，比如吃饭、服装、读书等，一定有你能控制的，也有你不能控制的。即使自己能控制手头的具体事务，也不能控制别人的价值观和性格。

因此，无论如何也不要为你的力量控制不了的事物而焦虑，不要试图改变、清除。这只能令你的内心

越发地悲伤、不愉快。希望你温柔的内心中难得的能量能令你更加明朗、幸福。我从心底里希望如此。

人生幸福和成功的要点相同，清除发脾气原因的要点都是不要陷于焦躁。只将自己的力量倾注到能改善、控制的事物上，不骄不躁、一个一个地清除。

这样一来，即使原因是问题堆积如山、不知从哪里下手而感到穷途末路,也一定能找到解决的切入点。而且，有时候一旦我们注意到，这一原因就会像俄罗斯方块一样全部消失干净。这时，你和发脾气彻底无缘，对谁都会展露出温暖、温柔的笑脸，自己也会回归本心。

有时一件你觉得微不足道的事，可能会意外地成为解决问题的大突破。

朋友的形式不止一种

如果环境发生改变，之前的朋友也会疏远。比如就职了，开始工作了，工作越拼命，环境和价值观越和学生时代的朋友不合。如果你注意到现在的自己只有工作上的人际关系，你一定也有突然感到寂寞来袭的时候。

但是，这样也好。完全没必要责备自己，觉得自己变成了只有工作的无聊人士等。完全没必要将工作和个人的人际关系分开。我认为，必须分开考虑两者才是错误的固有观念。

现在，这一瞬间在拼命努力工作的人，即使是这一段时间偶尔因为工作才见面，如果和现在的你价值观相合，那他也是对你重要的人。因为共同的价值观认可并尊重彼此，共同快乐地创造新事物，这就是非常重要的朋友、同伴。

所以，我从来不会将工作和私人生活割裂开。我认为和工作伙伴可以有工作外的、更深入的交往，如果觉得遇到了好人，就从内心珍视、享受和这个人的交往吧。

如果环境发生变化，自己的价值观也会变化。根据这一变化，如果认识了新的朋友，也可能会中断原来的缘分。这并非失败，也非其他什么，而是极为自然的事情。

所以，无论如何都不要勉强延续已经中断的缘分，请从内心珍视并享受对现在的你来说最好的缘分。这

样一来，有时表面上已经中断的缘分不知何时便以比之前更好的形式再次来临。我的熟人中，有很多人都是和学生时代的好友疏远了十几年，却突然邂逅，形成了比以前更幸福快乐的人际关系。缘分就是这样，无法勉强，顺其自然即可。

另外，我认为和朋友之间的关系越长越好也是错误的固有观念。从孩童时期就一直是好友自然非常难得，但即使不这样，也完全没必要感到丢面子。首先，珍视现在的你的内心，珍视你认为令现在的你内心保持本真且快乐的朋友和人际关系。即使朋友关系发生变化，这也是最好的事情。重视回忆也可以，却没必要靠着回忆生活。内心温柔的你会在不知不觉间在意曾经的朋友，但你才是最应该向着未来而生的人，真的完全没有必要也没有义务被过去牵着鼻子走。

不见面就不是朋友，

完全没有这种事。

如果为了和医生之间的交流而苦恼

对人过于温柔、不擅长表达自我感受的你可能在和医生沟通的过程中感到悲伤痛苦。

其实，作为医生，应该更细致地去感受你的内心，但非常遗憾，现在的很多医生已经忘记了要靠近患者的内心。不仅如此，还经常用从上而下的眼光傲慢而错误地认为只要提供技术即可。所以，越发地伤害了患者那颗不安的心。

作为一名牙科医生，我真的非常气愤，无论如何

都想改善这种状况。

因此，今后请大家这样考虑问题。医生也是一个人。如果是有心的医生，对于能理解并认可自己所说内容的患者，自然而然地也会想自己也应该认真地听患者说什么。所以，在理解这位医生所说内容的基础上，要表达出自己的感受。这样一来，沟通可能会向着更值得信赖的方向前进。

但是，即使这样还得到了医生不讲理的对待，这时疑惑、发火也没关系。另外，如果发火比较勉强，果断地换医院即可。你没必要为此哭着入睡、委屈你温柔的内心，你完全没有义务死守这家医院。

“我想找到真正值得信赖的好医生。”如果你不断地强烈追求这一目标，就一定会实现这一愿望。

这时也请你无论如何都要相信自己的直觉。比如，因为朋友和熟人介绍“非常好的医生”而去了新的医院。但到了医院总觉得哪里不对劲，如果可以，请去其他医院，请诚实地确认哪一家医院更让你感到舒心。如果不是马上就能治好的伤痛和疾病，而是必须要花费时间才能治好的疾病，就更要如此。

如果所有的医生都是你从心底里可以信赖的好医生，就不必这么麻烦了。

但非常遗憾，现在的现实还远远没有达到这个程度。

希望重要的你能遇到好医生。

在选择医生这件事上，无论如何都请相信你出自本真的直觉，选择时不要犹豫。

关心你内心的痛苦
是医生真正的作用。

如果遇到欺凌

欺凌真的非常令人讨厌。作为人，这是最不能做的事。但悲哀的是欺凌这件事一直都存在。

所以，如果内心温柔的你现在正在遭遇荒谬的欺凌，请先试着如下思考：

荒谬的恶意和欺凌是让自己迈向更高层次的一个机会。

据说有一位女员工，在容貌和体态上被上司评价

为“可怕”“令人毛骨悚然”。当然，这确实是低层次的、糟糕的欺凌，但她将这件事当成激励，倾注了让自己变得更美的能量。上司的恶意并没有起到作用，她变成了一位所有人看来都是美丽而充满魅力的女性。

解决这类问题的关键只有一个。对于上司的恶意，她没有进行反驳。对于攻击自己的人，如果当场反驳，会浪费自己的能量。所以，这种情况下，说一声“这样啊”就好，然后在自己的内心积蓄力量准备翻盘。

但是，我想一定有很多人都会觉得，大概只有那些生性好强的人才能说这种话吧。但是，如果你能尝试一下，带着某个目标耐心坚持，你会意外地收获快乐。越是被人说荒谬的坏话，对方心中好的能量越会减少，而自己的内心则会积蓄正能量。所以，当遭遇荒谬的恶意和诽谤中伤时，我会说：“好啊，这是让自己变得更强大的机会！”我会更加充满干劲儿。

然而，如果欺凌严重到伤害了你的内心和身体，改变环境绝对是更好的选择。

没关系，即使逃跑，也完全没什么不好。这绝不是输给了欺凌，也不是输给了对手。这个时候的欺凌是来自神灵的信号：“你真正的生活环境并不是这里，以此为契机，找一个全新的、更好的环境吧。”

所以，请不要再责备选择了“逃跑”的自己了。就像俗话所说“逃跑即胜利”，无论如何，请堂堂正正地转移到其他环境、其他地方吧。你完全没有义务伤害自己的内心和身体来忍耐荒谬的欺凌。

你的人生，应该比你想象的更为自由和幸福。

逃跑并非不好的选择，

而是向前的一大步。

朋友不多也没关系

如果没有朋友，我们会感到寂寞。如果因为不想和对方变得疏远而勉强交往，往往会感到筋疲力尽。很多内心温柔的人一定都有这种苦恼。

当然，人独自一人是无法生活的。有能分享喜悦和悲伤的朋友是人生最宝贵的财富之一。但是，我们真的有必要勉强自己来增加朋友的数量吗?

我从心底认为，有一两个和自己价值观相符的好朋友的人，比有几十个表面上的朋友的人更能一直得到友情的滋养。

朋友数量少，也不会感到孤单。不被人愚弄、可以自由地使用一个人的时间、能专注于自我成长的人，是非常幸运的人。而且,这样的人一定是好朋友人选。这是因为为了得到真正的好朋友，首先重视自己价值观的培养才是最好的捷径。

然而，怎么做才能培养自己的价值观呢？内心温柔的你可能经常有这样的远虑。在此之前，你总是将自己的事情暂时搁置，只考虑别人的事情，这样的你一旦确定自己的价值观是这样的，可能会感到非常糟糕。

如果这样，有时间的时候一次性地按照自己想的那样将自己喜欢的事情、想实现的梦想、觉得重要的事情等写在纸上，可以吗？在纸上一个一个地写出自己人生中真正重要的是什么、想做的事情是什么，这样一来，只属于你自己的价值观一定会越来越明确。

不要小看自己的所思所想哦。“如果这样说，会不会被人嫌弃，会不会被人当成傻瓜？”你不需要有这样的担心。无论喜欢什么都写出来，将此作为你秘密的内心指南针，带着自信快乐地生活下去。这么做，即使不特别勉强自己迎合周围环境，也能将和你价值观产生共鸣的好朋友吸引到你的身边。

朋友不多也没关系。一年能找到一两个真正合得来的朋友已经足够了。这是身边朋友很好的某位女演员说的话，我真的也这么认为。

内心温柔的你比谁都更希望得到很好的朋友。为此，无论如何也不要拒绝周围的人，重视属于你的人生价值观，快乐地磨炼人生吧。

不要思考怎么才能受人欢迎，

请思考想和什么样的人成为朋友。

不被人爱的自己没有价值?

每个人都想得到别人的爱。希望能通过得到家人、恋人和朋友的爱,来再次确认自己的生存价值。所以,如果你现在没有得到任何人的爱,便觉得自己没有活着的价值而失去了生活的自信,这真的会陷入悲伤和痛苦。

但是,因为不被眼前人所爱你就没有价值,这种事是绝对不存在的。这是因为内心温柔的你一定比一般人更爱别人。比起只知道被爱的人,知道爱别人的

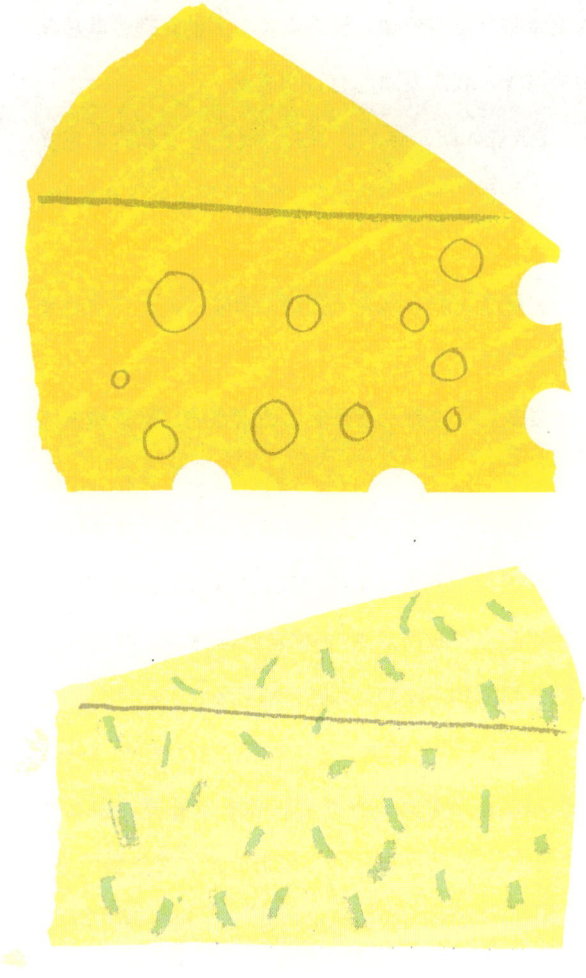

人更幸福、更有价值。这是人生普适的真理，随着年龄的增长，我愈发对此有真切感受。

“虽说如此，除了爱别人，我也希望真实地感受到别人的爱……”当然,我也能切身感受到这种感情。

如果是这样，从今天开始，学着一点点改变对爱的思考方式，好吗?

爱是这个世界上最美的、最高雅的、能量最强的存在。而且，爱，越是给予别人，不但不会减少，反而会越来越多。所以，无论是多么小的爱，如果能连续不断地给予别人，你的潜意识中会越发地充满爱，按照“潜意识吸引法则”，你自然而然地会得到很多人的爱和羡慕，成为充满魅力的可爱之人。

另外，不仅仅是爱，为了理解别人的情绪，感恩、体谅和温柔对磨炼自身感受性也非常重要。如果感受性迟钝，即使在自己伸手可得的地方有珍贵的爱，你也不会注意到，只会任其流失。这真的非常可惜。

虽然人的感情不可控，但只要付出稍许努力，就能改变自己的内心。如果是这样，只要稍许即可，不是看到被爱的价值，而是要看到爱别人的价值。这样一来，你对爱的感受力自然会得到提升，一定不会错过眼前的爱，而能够获得幸福。

但是，你也不需要过于想着“必须爱别人”，不需要勉强你温柔的内心。首先，重要的是爱你自己，在此基础上，在不勉强自己的范围内不断地向周围人快乐地传输“小小的爱”。

只要这样，真的已经足够了。珍贵的爱一定会在你伸手可得的地方等着你。

首先，请你给自己足够的爱。

给不爱曾经的自己的你

人们常说过去不可改变，但我认为过去一定可以改变。

比如，被某人欺骗、背叛……内心温柔的你可能将这样悲伤的过去悄悄地隐藏在心里。我也能切身地理解这种痛苦。但现在，请将这种过去当成珍贵的教训、经验，并期待由此吸引到更幸福的相逢吧。

我的熟人中就有一位善于吸引幸福的女实业家。恩师送给她的价格高昂的包包被偷的时候，她立刻

说：“哦，这样啊，这是在告诉我下次请买一个更好的包包啊。”将懊悔的过去变成了和下一件事相关的好消息。实际上，她获得了比被偷的包包更珍贵的东西。

像这样，无论何时都能吸引幸福、好事的人不会执著于丢失的东西。所以，所有的过去，都可以自然而然地转换成好事。

当然，你可能无法像这位女实业家一样立刻转换思维。但是，你可以一点点地进行，将“自己不行的”“失败了”“懊悔”“悲伤”的痛苦过去想象成“啊，那件事也让自己成长了”“那件事让我懂得了别人的痛苦”“那件事让自己积德了”，你的过去一定能转换成好事。通过这一正能量，你的未来也自然能吸引到幸福的、好的际遇。

我真心希望比一般人更加温柔、认真、谦虚的你能原谅、认可自己过去的一切，将其变为良好经验。

你的人生只属于你自己，你的过去也是你自己的。完全不必在意别人会说什么。用你的价值观，自由地将过去的愚蠢、失败、错误全部转变成自己成长过程中需要的好事情即可。

这样一来，你一定会在真正的意义上变得重视自己、爱自己、以自己为傲。这样的你应该会不断地吸引爱原本的你、以原本的你为傲的人。

爱原本的自己时，

幸福的邂逅也将来临。

改变环境，改变自己

想让自己变得更好、某事进行不顺的时候，试着改变环境的想法非常好。比如，更换工作场所或改变居住环境。或者去海外留学，哪怕是很短的时间。

但是，如果果断地改变了环境，却和之前一样反复遇到人际关系的问题而且一直解决不了……这种情况下，首先请充分表扬一下改变了环境的自己。因为这是很大很大的第一步。充分地认可自己的勇气后，接下来就一点一点地努力完成一件事吧。

那就是“再一次客观地凝视你自己的内心”。

改变环境是指为了改变自己而进行的物理方法。改变后的环境是比以前更令人轻松舒畅的地方，是能给予自己和以前完全不同的新的良好刺激的地方。只要环境改变成这样，你就会在潜意识中拥有正能量，你的人生也会刮起全新的春风。

但是，如果在你的内心中残留着以前的负能量，环境变化带来的难得效果就白白浪费了。所以，希望你能凝视自己的内心，一点一点地将正能量放到自己的心中。

没关系啊，这并不难做到，内心温柔、认真的你一定能够做到。

比如，能比以前更开朗地回应别人，脸上常常带着笑容，使用美好的语言，阅读能促进内心成长的书籍……即使只有这些，也很好。而且，在此期间如果内心能一点点生出“啊,我以前在这方面不足啊”“是吗，能再这么做一下就好了”这样的意识就可以了。你应该会变成不会再一次经历同样失败和困境的人。

改变环境是内心温柔的你获得更轻松自在的幸福生活的、非常有效的第一步。为了将这一效果发挥到最大程度，重要的是一点点地努力在你的潜意识中充满正能量。

但是，也不用着急哦。如果只改变环境就能立刻完全变成另一个人，世间就只剩下留学和搬家了。

凝视自己的内心、一点一点努力地充满正能量，发现积累这一努力的重要性的人都会拥有足够的时间。而且，如果能意识到一次就顺利积累一次，有时候会加速成功，更好的意识和好事会不断地以你预想不到的速度到来。所以，无论如何都不要焦躁，请缓步前行。

保持自信，

下次一定会进展顺利。

积累小自信

非常遗憾的是，在这个世界上，有的人以头衔来判断一个人，有的人轻视比自己“地位”低的人。对人温柔、爱客气的你可能曾经也受到这样荒唐的、非常令人悲伤的伤害。

如果是这样，请无论如何都不要忘记这些事情。无论是谁对你做了多么糟糕的事情，都动摇不了重要的你自身的价值。无论对方有多么高的地位，无论对方多么有钱，对比自己地位高的人卑躬屈膝，对比自己地位低的人轻视、蔑视，这样的人灵魂都是不成熟、

幼稚的。正因为有这样的人，请你一定不要迷失了自己真正的价值。

虽说如此，频繁地被轻视、蔑视，无论是谁都会受伤，会渐渐地失去自信。

所以,如果你因为被不合理地对待而失去了自信，请努力在内心一点一点地积累“小自信”。这样一来，根据“潜意识法则”，你的自信会被对方像镜子一样映照出来，不成熟的对方也可能会重视你。

这绝不是什么难以做到的事情。

比如，想要拥有对外在的自信，可以比之前更认真地整理仪表，使用比以前更有礼貌的语言，留心做出比以前美一点的举止……孜孜不倦地、开心地持续做这样的事情的过程中,你的内心就会不断地积累“我可以的，努力！”这样的小自信，这也一定会表现在外表上。这么做的结果是无论你的外在还是内心都会自然而然地得到很多人肯定。

另外，被对方轻视、蔑视，也可能是一个机会。内心温柔的你可能会因此促进自己更加幸福而充满魅力地成长，这可能是来自神灵的秘密信号……所以，在受到对方不合理对待的时候，我会想：“好吧，这是促进自我成长的机会！”反而会更有干劲儿。

而且，常常被人过于器重地对待，也会令人感到无比疲惫。这是因为越是被重视，越会被周围人寄予厚望，很多时候这些都会变成压力、重担。

不要成为中心即可。换句话说，在角落里茁壮成长更没有压力，更能过属于自己的轻松自在、自由幸福的生活，最后灵魂也会成长得最为丰盈。这也是我的观点。

无论被人如何对待，你都是不可替代的存在，对此不要有一分一毫的动摇。

只爱你自己的光辉

在才能、美貌或者环境和经济力等物质方面，和别人相比，认为“和那个人相比，我没有任何优势”而渐渐地失去自信。这种凄凉、悲伤的情绪，无论是谁都可能多多少少感受过一次。

但是，和别人比较着生活是最浪费生命的生活方式。

你只是世界上众多人中的一个人而已。即使你还没有注意到，但从你出生的时候你的内心就已经确确实实地蕴藏着专属于你的美丽、才能和魅力的“种子”。

而且，这一才能、魅力和美丽的珍贵“种子”是谁也无法相比的，是世上独一无二的、不可替代的存在。

把自己和别人相比较，否定、无视只属于你自己的珍贵的美丽和魅力，这颗难得的“种子”还没有得到培育、没有开花就枯萎了……

我打心里觉得，这不仅对你，对世界来说也是非常可惜、遗憾、令人难过的事情。

“但是，我不知道怎么做才能不和别人比较，不知道怎么自信地展示自己特有的美丽和魅力。”可能会有人这么想。或许，比一般人更认真、更努力的人，习惯于和别人比较优劣吧。

如果是这样，这样想好不好？和别人比较会白白地浪费自己心中的正能量，只把负能量积蓄在潜意识中。所以，和别人相比较会直接伤害你温柔的内心，造成自我否定和自信丧失。这样一来，应该会想尽量从和别人的比较中逃离出来吧？没错，就是要这样。

不服输绝非坏事，我也比一般人更不服输。这种“不想输”的强烈情绪也是一种心的能量，但不要用在和别人的竞争上，而是要用于和自己的竞争上，这样才会更好。这是因为在和别人竞争的过程中，绝对不会获得真正意义上的人生胜利的喜悦和幸福。

傲慢地夸耀自己经济上的富足、才能和美貌以得到周围人的羡慕而感到得意的人，实际上是非常不幸的人。想用与别人比较获得的优越感来填补生活中的空虚，却无法填补，只能陷入无尽的痛苦。

所以，无论是谁的傲慢、挑拨都不必在意。从今往后，无论如何都要保持自信，浇灌出只属于你自己的盛开的花朵，并为此倾注足够的能量。

请一定不要忘记，你具有只属于你的魅力。

不为他人意见所左右

过于听别人的话，自己真实的感受就无法表达出来。被他人的意见所左右，就无法看到自己真正想做的事情。一旦注意到这点，发现自己心里空无一物，就好像突然陷入洞穴之中，寂寞、空虚难耐。

这真的是痛苦而悲伤的烦恼。

正因为如此，我才希望比一般人更温柔的你能更重视自己真实的感受。

乖乖地听别人的话和意见，确实是非常难得的事。但是，单单只是乖乖听别人的话，非常遗憾，这样绝不会产生属于你的领悟方法、全新的切入口和想法。

无论是在人生中还是工作中，能得到有自己风格的难得的想法的人习惯于用自己本真的心去发现事物的本质。假如这些想法和世上的常识以及已有概念不同，即使很多人说“这种事不可能吧”“大家说这样会好些”，最终还是按照自己的本真之心判断“做或者不做”“喜欢或者讨厌”。正因为如此，这种人才能常常活出自己独特的、幸福的、满足的人生。

即使这么说，对自己真实的感受仍然没有这种强烈的自信。我想一定会有人为此不安。然而，做起来远没想象中困难，无论从多小的事情着手都可以，现在，你的内心一定会浮现出几件真心觉得快乐、想做、喜欢的事情吧？将这些事情写在纸上，试着想一想自己做它们时精力充沛、开心的样子。

真的，像这么做即可。

只有这样才能不过于听信别人的话，而是具有属

于你的真实感情与人生价值观。

如果能清晰地描绘出你自己独特的人生价值观，就能不随意听信别人的话，不为别人的意见所左右。

这并不是让你成为一个充耳不闻、固执、任性的人。和以前一样，温柔而真诚地倾听别人的话，但不能过多倾听，不能完全接受，这样会失去你本真的心和重要的人生价值观。更进一步来说，在比以前更温柔地倾听的同时，还要参照自己的价值观，善于去除不必要的内容，接受必要的内容，由此，你一定会变成温柔、幸福的人。

为了不为别人的意见所左右，你需要找到你最想珍视的东西，找到你自己的人生价值观。如果能找到这个，就真的可以安心了。

偶尔也要完全屏蔽周围的杂音，
创造只属于自己一个人的时间。

发现自己的情绪

在人生中，清楚地了解自己真正想做的事情、重视的事情，也就是有明确的人生价值观的人不会迷糊，也不会被他人的意见左右，不会失去自我，无论什么时候都会以自己独特的自然姿态自由地、充满活力地生活。

所以，人生价值观是你能获得属于自己的人生幸福的最大的助力，是最精准的“人生指南针”。

虽说如此，如果过于重视别人而忽视自己的内心，可能自己也不知道自己真正想做什么了吧?

但是，没关系。在你温柔的内心里，一定存在只属于你自己的珍贵的人生价值观。它具有令你的人生走向幸福的无限可能性，期待你能找到它。

可是，我们往往不知道如何才能找到自己的价值观而陷入对人生选择的迷茫中……

这时，请一定这么做。在面前放上白纸，暂时抛开一切，包括现在的工作、年龄和环境等物理元素。迄今为止自己最在意的是什么？从今往后自己真正想做的是什么？像这样直接询问自己的内心，同时将想到的事情全部原原本本地写在纸上，不管它看起来多么不切实际。

接下来，到现在为止，是什么让我生气的、讨厌的、觉得是压力的？把这些也写到纸上。

写完之后，将两者进行对比。于是，纸上便出现了现在的你最想做的事情、最不想做的事情。这样一来，混合了两者的内容就是现在的你用本真之心发现

的、只属于你的人生价值观！

所以，从今往后，老实地带着只属于你自己的人生价值观，向自己想做的事情拼命努力吧。同时尽量避开自己不想做的事情。虽然是非常简单的事情，但仅仅如此就真的非常好了。你一定能进展顺利！

另外，这样做你一定不会“过于努力”。因过于温柔而被周围人左右、委屈自己的内心，这真的是太痛苦了。但现在已经没关系了，找到自己价值观的你已经不会再为讨厌的事情而勉强自己去努力了。如果你注意到了有人在说什么，不必在意，只要向着自己喜欢的事情努力即可，努力实现快乐。

这样的你也会给周围人带来很多良好影响。这是因为你自然而然的温柔能量会给周围人的内心以生机勃勃的力量。

请侧耳倾听你内心的声音。

努力一定能成就自信

没有自信，不认为自己会打心底里喜欢自己。比一般人更认真、谦虚的你可能会有这样的烦恼，并为此悲伤、痛苦。

但是，正因为这样的你正在付出属于你的、充分的努力，这份努力非常难得，所以希望你无论如何都能保持自信。

然而，即使如此，不管是在工作中还是个人生活中，还是有无论如何都无法保持自信的时候，那就试着这样努力怎么样?

工作也好，个人生活也好，你都要诚实地找到你从心底认为“啊,不错嘛”“自己也想变成那样”的人，不要模仿、学习他的表面，而是模仿、学习他“背后的努力”。

在真正的意义上，对自己抱有自信的、优秀的人一定是有原因的。而且，这个原因实际上只能是“背后的努力”的不断积累。

我认识的人中就有这样一个人。

这个人在刚开始工作的时候，常常会羡慕世界上被称为“一流人物”的人。他梦想着哪一天自己也能和这些一流人物一起活跃在自己喜欢的工作领域。但是，自己被分配的事情都是和这些完全不同的、平凡的三流事情……

但是，有时候这个人也会突然清醒。

越是认真观察，越会发现，一流人物就连在和工作没有直接关系的事情上也常常快乐地不断努力，使

自己成长得更丰富。比如，读一本好书，接触美好的艺术，完美地安排饮食和生活模式……自己在这方面尚有不足，所以从今往后，自己也要重新审视普通的生活，从这方面开始向一流人物靠拢，孜孜不倦地努力。

于是，这个人最终得到了憧憬的一流人物的认可："无论如何，都请和我一起工作吧！"渐渐地，这个人的愿望实现了，周围都是绝佳的一流人物，自由而舒适地从事着自己喜欢的工作。也就是说，现在这个人的心中甚至都没有"一流""三流"的区别，有的只是对自己工作的充实感和自信。这个人渐渐地在属于自己的、珍贵的一流工作中实现了自我。

像这样，"背后的努力"一定会在未来的某个时刻开花结果。而且，这一定会给你带来真正的自信。因此，越是自己感到没有自信的时候，越会迎来成长得更好、更幸福的机会。

你的努力绝对不会白费。

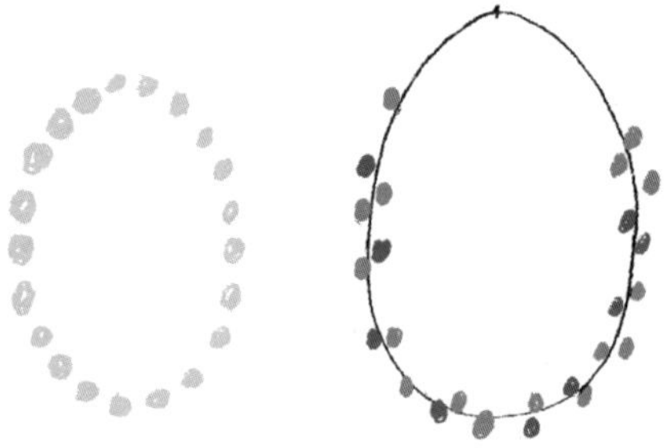

在人生的歧路上，有前进“半步”的勇气

无论你具有多么牢固的自我价值观，在人生的重大选择面前，都可能会有怀疑自己的价值观错误而无法选择、无法付诸行动的时候。

然而，越是迷茫的时候，越不能停下脚步，即使只前进半步也可以，果断地前行绝对没错。这是因为只有前进半步的时候，才能获得属于你的、不会后悔的人生。

虽说如此，这一选择越是关系到人生大事的重大决定，我们越会因担心自己的选择发生错误而陷入迷茫，无法做出决定。我非常理解这种心情。另外，现在，人生的选择越来越多，我们往往会被迫做出选择，这些会变成可怕的压力，压迫着我们的内心。我也切身感到了这种心情真的痛不可耐。

在这种情况下，希望大家一定要这样想一下。

现在，摆在你眼前的选择，无论是哪一个，实际上都不错。这是因为，在人生的岔路口，无论你做出什么选择，只要你果断地前行半步，你的眼前就一定会出现之前从未见过的新道路。

比如，在人生的岔路口，选择了右边，试着前行却碰到了墙壁。但是，通过走这条路碰到墙壁，你就能学到“哦，这样啊，走这条路会碰到墙壁”这样的经验。在此基础上，稍微回头，这次再试着选择不同的前行路线时，就可以活用刚刚学到的经验，从而获得前所未有的自信来选择自己的道路。所以，实际上，

在人生的岔路口我们并不会失败，也不会犯错误。我们对选择后的结果采取的思考方式才会在更大的程度上左右人生的失败和成功。

有人说：“人生就像一场大型的实验。”

我确实也是这么想的。

人生，绝不会因为单独一次的实验、选择而决定一生的失败、成功。无论什么失败，只要抱着学习的态度，就一定能变成更大的成功源泉。所以，拿出稍许的勇气，让现在的你从心底做出“想试着做一下”的决定，这种决心越坚决，你的人生就会越幸福、越丰富。无论是多么小的决定，拿出稍许勇气，不断积累，越往前走你会越自信。

所以，无论如何，请对你自己的选择保持自信。

无论你作何选择，都不算失败。

后悔也没关系

我想，无论是谁，在人生中，可能都这样后悔过：“当时那么做就好了”“如果再这么做就好了”……如果这是对重要人物所产生的后悔，对于内心温柔的你来说，那就真的太痛苦、太悲伤了。

但是，后悔也没关系。这是因为我从内心里相信，这一后悔一定会令你的内心更加温柔、充盈。

虽说如此，却再也不想经历这种痛苦的后悔。如果可以，想过无论何时都不会后悔的、属于自己的人生。当然，我也能切身体会你的这种心情。

然而，我更希望你能将你后悔时的心情当成人生的宝物，能一直珍视这一宝物。

比如，在工作和生活中，为某事犹豫不决的时候，如果能想起曾经迷茫、后悔时的心情，就会毫不犹疑地踏出不会后悔的一步。

比如，现在和重要的人关系不融洽，你的内心不断涌现出不平、不满的感情时，如果能想起曾经没有把对方当成重要人物时的后悔，就会自然而然地对自己说："现在，做一些力所能及的事情吧。"心情就会变得明朗，重新获得奋勇向前的能量。

当认为这并不是自己真实的想法而是被某人强迫做了某事的时候，人会产生痛苦而悲伤的后悔情绪。所以，无论什么事，都要按照自己真实的想法、自己的价值观来决定做或不做、怎么做，这样无论结果如何，都不会留下痛苦的后悔情绪。拼尽全力做了自己

能做的事情，会给人带来纯粹、快乐的充实感。

如果这样还会后悔，当然也没关系。如开头所言，后悔是你人生的重要宝物，绝对不是令人羞耻的事情，也不是无用的事情。

正因为失败和后悔，人才能不断成长。

相反，人生中没有经历失败、后悔、挫折的人，无法获得真正意义上的幸福和魅力。

所以，越是具有深刻人性、温柔而有魅力的人，他的心中越会有更多的失败、挫折和后悔。

后悔、失败、痛苦、挫折真的都会转变成一个人的魅力。所以，内心温柔、细腻的你已经超越一般人，在内心种下了满满的、难得的“魅力的种子”。请你一定要对此抱有强烈的自信。

“从今往后怎么生活呢？”这样后悔，也会成为你人生的宝物哦。

结语

有一天，我在阳台给花坛中的花浇水的时候，注意到一件有趣的事。

明明是同一时期种植的，不同的花种子成长的速度、开花的时间也会有所不同。但是，花并不会因为开得早就好，也不会因为开得晚就不好。哪一种花都会自由地茁壮成长，只要以这种花的自然姿态加以培育，便真的会开出珍贵的花，欣赏者的内心也会充满幸福的能量。

但是，无论是什么种子，连续几天不浇水、不见光，放置在不理想的环境中……那么，不管怎么焦急地想让它早日开花、过多地浇水和给予营养，都无法令其开出珍贵的花朵，反而会枯萎。

我意识到我们人类和花在这一点上完全相同。所以，请你无论如何都不要焦躁。

以属于自己的自然速度踏踏实实地快乐成长真的

是最珍贵的事情。

有时，看到某人费尽心力培育的花朵，可能会不安地想到“这么努力，我还远远达不到啊”。然而，就像没有经过慢慢扎根、只是摇摇晃晃地不断向上生长的树木会倒掉一样，没有经过努力的幸福和成功最终也无法长久。

这一点和我的牙医工作一样。认真地用心工作，即使花时间也要令患者内心得到满足并为此感到开心一直都是我自信的来源。而偷工减料、只做表面功夫地工作最后都无法获得好的结果，也无法获得自信和人生中真正意义上的幸福和充实感。这成为了我作为牙科医生日常接待众多患者时重要的心理准备。

所以,无论如何请一定放心。我也会和你一起努力。

这个过程一定没有你想象的漫长。因为你比一般人更加温柔，所以你会更快地迎来人生开出美丽、幸福的花朵的那一刻。

2014 年 7 月

井上裕之

图书在版编目（CIP）数据

不那么温柔也没关系 /（日）井上裕之著 ；代芳芳译.
-- 北京 ：北京时代华文书局，2019. 2
ISBN 978-7-5699-3342-0

Ⅰ. ①不… Ⅱ. ①井… ②代… Ⅲ. ①心理学—青年读物 Ⅳ. ①B84-49

中国版本图书馆CIP数据核字(2019)第274032号

不那么温柔也没关系

BU NAME WENROU YE MEI GUANXI

著　　者 | [日]井上裕之
插　　图 | [日]石坂志津香
译　　者 | 代芳芳

出 版 人 | 陈　涛
策划编辑 | 周　磊
责任编辑 | 周　磊　刘　磊　邹　红
装帧设计 | 孙丽莉
责任印制 | 刘　银　范玉洁

出版发行 | 北京时代华文书局 http://www.bjsdsj.com.cn
北京市东城区安定门外大街 138 号皇城国际大厦 A 座 8 楼
邮编：100011　电话：010-64267955　64267677
印　　刷 | 小森印刷（北京）有限公司　010-80215073
（如发现印装质量问题，请与印刷厂联系调换）
开　　本 | 787mm×1092mm　1/32　印　张 | 4.5　字　数 | 45 千字
版　　次 | 2020 年 6 月第 1 版　印　次 | 2020 年 6 月第 1 次印刷
书　　号 | ISBN 978-7-5699-3342-0
定　　价 | 42.00 元